余命4ヶ月のダビデ

文 的場千賀子
写真 辻 聡

ミヤオビパブリッシング

Prologue

ダビデ、今でも君の大きなからだを思い出すよ。

おねだりするまん丸の瞳を

甘えん坊になって見せるふかふかのおなかを。

君がいなくなって数ヶ月経ったいま、

君の存在の大きさに改めて気づいたんだ。

ともに過ごした９年半もの宝物のような記憶を

ずっとずっと心に刻んでおくよ。

君と過ごした最後の４ヶ月間は
私たちの人生の中で
いちばん濃密で意味のある時間になった。
大きな悲しみにあふれてはいたけれど
すごくあたたかな時間だったよ。

君はたった1匹の猫だったけれど

時には友のように

時には我が子のように

時には同志として

いつも一緒の時間を共有してきたね。

私たちの絆は

この先も永遠につながっているよ。

余命4ヶ月のダビデ★目次

はじめに

いつもおっとり、のんびり、のほほんとした
大きな猫がいました。
私たち夫婦が初めて飼ったダビデという猫です。
ダビデと暮らす毎日はとても楽しく、
2人と1匹の暮らしは幸福な日々の連続でした。
彼のおかげで、想像もつかないほど豊かな時間を
共に過ごすことができたのです。
しかし、ダビデは9歳の時に
悪性リンパ腫という病気になり、
天国へと旅立ってしまいました。
この本はダビデが病気になってから綴った

最後の4ヶ月間の日記です。
病に冒された体で最後まで懸命に生きたダビデの姿に
私たちは感動し、励まされました。
精一杯がんばるダビデの姿をすべて書き残しておきたい。
そんな思いで綴った「いのち」を見つめた記録です。
たった1匹の猫が、
猫と暮らす素晴らしさを教えてくれました。
「いのち」の尊さに気づかせてくれました。
天国のダビデに何度ありがとうの言葉を掛けても
足りないほど、私たちはダビデに心から感謝しています。
あのモフモフの体にはもう触れることはできないけれど、
ダビデの存在はずっと私たちの心の中で
生き続けることでしょう。

2006年9月9日のダビデ

第一章 ダビデとの出会い

遠い記憶を思い出す。

小さな君が元気いっぱいに動き回る姿。

9 年ほど前の懐かしく愛おしい日々。

♠ひとめぼれ

チョイチョイッとケージの中から猫パンチをしながら「遊んで！遊んで！」と言いたげな表情の子猫。ノミだらけ、おしっこまみれの新聞紙の上を、まだ小さすぎておぼつかない足取りの子猫が1匹よたよたと走り回っていた。それが近所にオープンしたばかりのペットショップで出会ったダビデだった。

この子、元気がいいなぁ。他の子猫たちがみんなぐったりと横たわっている中で、彼だけはヤンチャなのだ。ケージの中に指を入れてみると、チョコッと小さな手を何度も出してくる。私の指をジーッと狙ってはチョイチョイ、そしてジャンプ。「なんて可愛い暴れん坊なんだろう」その姿

愛くるしい瞳の猫にひとめぼれをした。

に釘づけになり、大きくてまん丸な瞳で見つめられた瞬間、「この子を飼いたい！」という思いに駆られた。

「飼ってもいい？」とダンナに聞いたら「欲しければいいんじゃない」と言ってくれた。彼もダビデが可愛いと思ったのだろう。3万円という値段が付いていた。その頃は猫の値段についてはよく知らなかったけれど、アメショーなのに安すぎるのではないだろうか？と思えた。この怪しげなペットショップは不衛生で、動物を可愛がっている様子もゼロだったので「私たちが飼わなければ！これは運命の出会いなんだ」という勝手な思い込みで「すみません、この子ください」という言葉が咄嗟に口から出ていた。猫を衝動買いすることになるなんて、ついさっきまでは思ってもみなかった。私たち夫婦は猫を飼ったことはなく、

ちょっとした演出にもしっかりカメラ目線で応えてくれる。

少し前に友人の猫を1週間預かったことがあるだけだった。とりあえず店員に聞いてドライフードやトイレなどを買い込み、小さな箱に入れられたダビデを胸に抱え、帰り道を急いだ。

　家に到着し、すぐ箱からダビデを出してあげる。部屋の中をヨチヨチ歩く姿に感動し、本当に私たちの猫なんだという何とも言えない気持ちがふつふつと沸いてきた。トイレをセッティングしたり、ドライフードを水にふやかしてあげたり、ひとつずつ勉強しながら覚えていった。その頃はネットで検索するなんてことができなかったから、かなり四苦八苦しながら準備したことを覚えている。

　あちこち歩いては興味を示しているダビデの一挙手一投足に目が離せない。ソファに上るのもひと苦労する手のひらサイズ。ひょいっと抱っこしてソファの上に乗せてあげると、さっそく無邪気

手のひらサイズで首輪もぶかぶかだね。

な顔でスヤスヤ。なんて可愛いんだろうと改めて喜びを噛みしめる。

　間もなく、目を覚ましたダビデが突然ひょこひょこと歩き出した。そして、モゾモゾとお尻を振りながら、チェストの横の狭いスペースに歩いて行った。どうしたのかな？と思う間もなく、そこでオシッコをし始めた。「ダメダメ、そこじゃないよ！」と抱っこしてトイレへ。すぐトイレの場所を覚えてくれるのかなぁと不安になりながら、その日は就寝。

　翌朝、プ～ンという悪臭で目が覚めた。この臭いはなに？臭いの元を突き止めると、あった、あった！ダンナの布団の上に茶色いものが…。あ～あ、やっちゃったのね。仕方ないよね、まだちっちゃいんだもの。私のところじゃなくてよかった。猫は人を見てウンチをする場所を選ぶの

ボトルを抱えた酔っぱらいみたいだ。

かも。ダンナはこの悪臭の脇でずっと寝入っていたのだ。いつも一度寝たら何時間でも寝られる彼のことだから、この悪臭でも気づかなかったんだろう。恐るべし！

でも、その次のオシッコからはちゃんとトイレでしてくれた。大きい方も、もうダンナのシーツの上ですることはなかった。賢いぞ、ダビデ！

そんな風に猫飼い1年生の私たちとダビデとの暮らしが始まった。フリーランスで子供もいない私たちにとって、ダビデと一緒にいる時間が1日のほとんどを占めた。ダビデも次第に私たちとの生活に慣れていき、日に日にたくましく育っていった。たくまし過ぎるぐらいに。

好奇心旺盛な時は目がランラン。飛びつく寸前3秒前。

洒落たオモチャを買ってあげても
その辺に落ちている
輪ゴムやヒモの方が好きだったね。

くるてい…巻き取り完了！

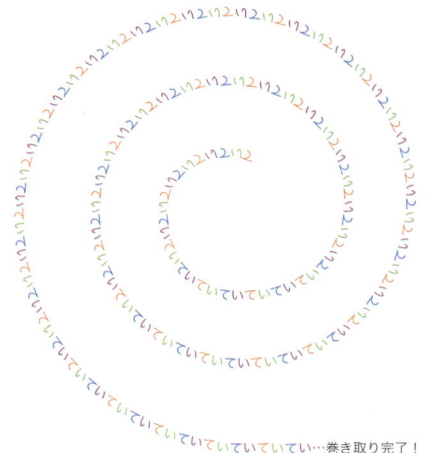

♠勇敢でハンサムな猫

ダビデを飼うだいぶ前から、私たちはイタリア旅行に行くことを決めていた。結婚式も新婚旅行もしていなかったから、せめて新婚旅行代わりにと思い切って計画した旅行だった。いざその日が近づくとダビデと離れたくない気持ちが大きくなった。でも、ずっと前から決めていたことだしと予定通り行くことにした。その間、ダビデは母の所で預かってもらうことに。

電車に揺られること約1時間、母の住むマンションに到着。ウチの母は、猫はどの猫も「ミーちゃん」インコはどのインコも「ピーちゃん」と呼ぶ。キャリーから出したダビデをいきなり抱きしめて「ミーちゃん、よく来たわね～」とデカイ

子供の頃はやんちゃな遊び好き。ねこじゃらし攻撃もまんざらじゃない。

声。そうだ、ウチの母の声はすごく大きかったのだ。猫って大きい声や音が嫌いだったような…。案の定、怯えるダビデ。そりゃ、怖いよね。初めての外出というだけで怖かったのに、キャリーから出たと思ったら太った知らないオバチャンにギューッと抱きしめられてワケのわからない名前を呼ばれるんだもの。やっぱりオバチャンパワーはスゴイなぁと思わずにはいられない。ダビデ、大丈夫だろうか…？後ろ髪を引かれる思いで帰宅。ダビデがいない家はガランとして寂しかった。この数ヶ月でダビデがいることが当たり前になっていたからなぁ。

次の日、私たちはイタリアへ発った。旅行中、ダビデのことが頭から離れず、早く帰りたいと思っていた。帰国後まっ先に迎えに行ったときは、ダビデはすっかり母にも慣れていたようだ。「ミー

大人になってちょとおっとりしたけれど、遊び上手は相変わらず。

ちゃんたらすごい元気で、廊下を全速力で走って玄関に何度もぶつかってたわよ」と嬉しそうに言う母。帰り際に「また来てね、ミーちゃん。オバチャンのこと忘れないでね～」と相変わらず大きな声。言ってる内容までわかるのかどうかは不明だが、ダビデはこのオバチャンの所から我が家に帰れると知り、ちょっぴり安堵しているようだ。こうしてダビデの試練はようやく終わった。

「ダビデ」という名前が付いたのはこのイタリア旅行直後のことだ。実は、飼い始めてから約1ヶ月間は全然違う名前で呼んでいた。なんと、その名は「村田くん」。好きなスポーツ選手と同じ名前を付けたのだった。「村田くーん」と呼んでもシックリこないし、呼びづらい…何よりも可愛い子猫ちゃんが「村田くん」と呼ばれるのは、やっぱり似合わない。そこで、旅行の興奮がまだ冷め

寝る子は育つとはよく言ったもので…

やらぬ時に思いついたのが、フィレンツェで見たミケランジェロ作のダビデ像。写真でしか見たことのなかったダビデ像を実際に見たときはその悠々しさと美しさに見惚れてしまった。若くてハンサムで勇敢な姿…これはこの子にピッタリだとピンと来たのだった。きっと凛々しい青年になるのだぞ、そんな思いを込めて付けたのが「ダビデ」という名前だった。この時はこの名前がとても似合っている気がした。数年後、まさかおデブでおっとりしたダビデという名前が似合わない猫になるとは微塵《みじん》も思わなかったっけ。

この通り、スクスクと育ったダビデ。

食いしん坊の君にはいつも困らされたね。
オヤツをしつこくせがむ
君のおねだり攻撃にはお手上げだった。
小さい頃はね、ゴミ箱の中から
魚の骨を拾っては
ポリポリ食べたりもしてたんだ。
トゲが喉にささらないか心配だったよ。

頭を撫でられるのが好きだったね。
撫でてあげると
目を細めて首がにょきって
伸びるんだよね。
君の気持ちよさそうな顔を見てると
幸せな気持ちになれたっけな。

第二章　はじめての病気

思えば、君の元気がないことなんて
今までなかったはずなのに
君の病気に気づいてあげられなかった。
残暑のせいにして見過ごしていた。
もう少し早く気づいてあげたら
今とは違う結果になったんだろうか。

♣ 緊急手術

ダビデの食欲がなく、ご飯をあまり口にしなくなったのが9月の半ば頃だった。残暑のための夏バテか、シニア用のドライフードが美味しくないからなのか、その時はそのぐらいに安易に思っていた。こんなに大変なことになるなんて…。今まで健康すぎるぐらい健康で医者にもかかったこともない。油断していたのかもしれない。

9月28日（金）医者へ

軟便が続き、この数日で体重が400gも減少している。体重の変化に驚き、すぐさま近所の獣医に連れていく。採血、血液検査、体温測定をする。熱は40度あった。熱があり体重が減少する

9月中旬のダビデは、いま思えば少し元気がなかった。

のはウィルス性の病気の疑いがあるらしく、ダビデはワクチンを打っていなかったこともあり、その可能性も否めないとのこと。インターフェロン注射と抗生剤注射をし、抗生剤の薬をもらう。血液検査の結果は土・日が明けてからになる。何の病気かわからず、心配でいても立ってもいられない。これはけっこう大変な病気なのかもしれない。

10月1日（月）血液検査の結果

血液検査の結果を聞きにダビデを医者に連れていく。検査の結果、大きな問題はないとのこと。その後、先生が触診でお腹にシコリを見つける。かなり大きいシコリで、慌ててレントゲンを撮る。右の腸のあたりに5㎝台のシコリが見えた。手術して開いてみないと何なのかはわからないと言われ、言葉に詰まった。癒着がひどければ一度閉じ

レントゲン写真に興味を示すダビデ。

て、大学病院を紹介するとのこと。二度も開腹手術をするなんてありえない。別の病院でセカンドオピニオンを聞くことにする。最初に来たときにシコリを見つけてほしかった。

10月3日（水）ダビデのいない夜

朝ふと目を覚ますと、隣の布団にダビデが寝ている。ダビデも起きたらしく目があった。撫でてあげたら気持ちよさそうにしていたが、やっぱり元気がない。熟睡できないのかもしれない。顔がほっそりして、体がひとまわり小さくなっている。

ブログで知り合った方に教えていただいた獣医にタクシーで連れていく。持参したレントゲンを先生が診たところ、腫瘍《しゅよう》はかなり大きく、悪性リンパ腫、脂肪細胞腫など、こういう場合に多い病名をいくつか教えてもらう。結局は手術でお腹を

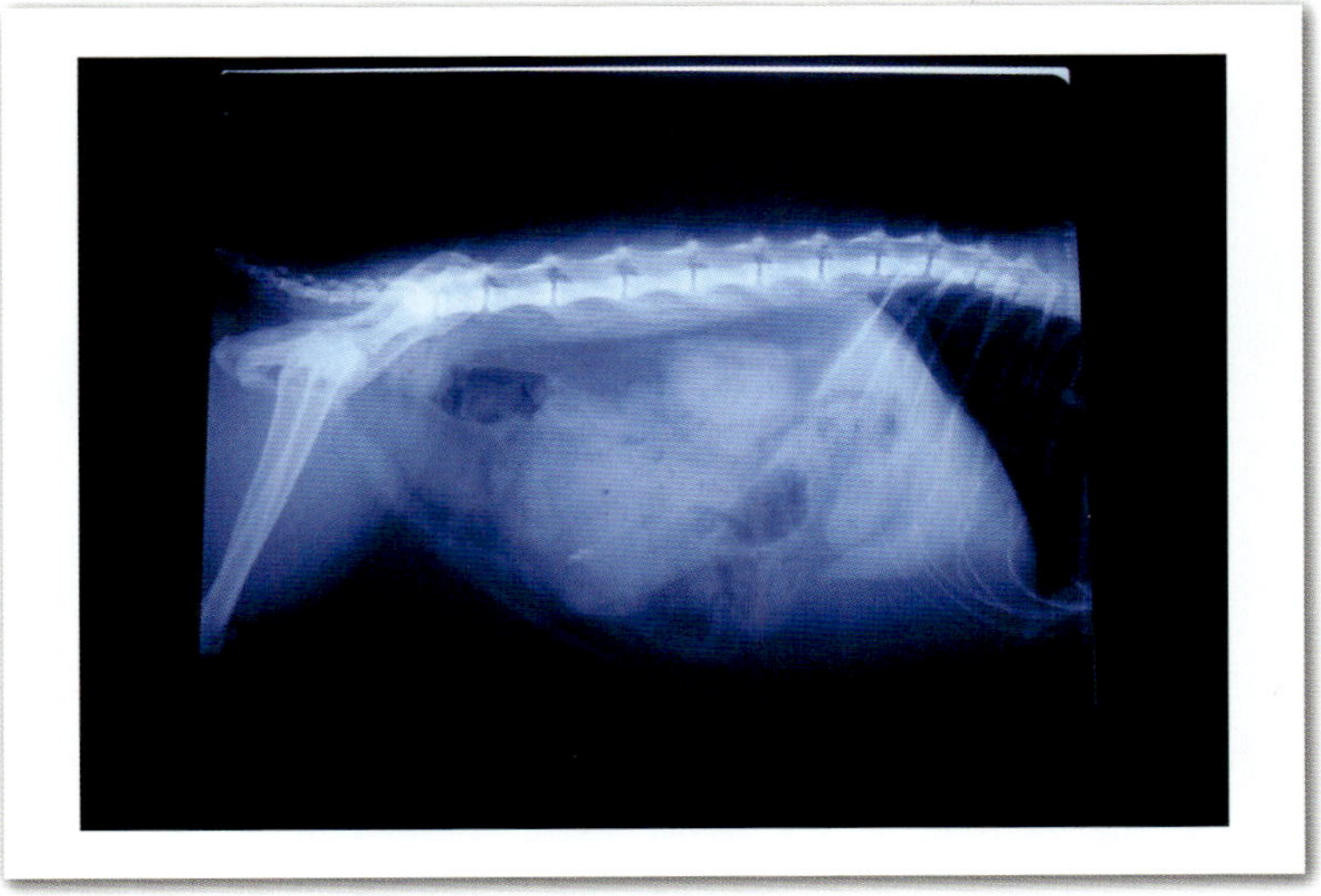

お腹の腫瘍はかなり大きいものだった。

開き、病理検査をしないとはっきりした病名がわからないらしい。エコー検査で腫瘍は最長6㎝台とかなり大きいことがわかった。いずれにしてもこの大きさなら手術しないと今後ますます悪化し、衰弱していく一方とのこと。即答で手術をお願いする。ダビデはその日、そのまま病院に入院した。ひょっとしてこのまま家には帰れなくなるかもしれない…という不安が頭をよぎる。

　病院から帰って玄関のドアを開けると、いないはずのダビデの姿を探してしまう。今まで感じたことのない大きな寂しさが襲ってきた。この間まであんなに元気だったダビデ。ダイエットしていたから、ダビデの体重が減ったと喜んでいた馬鹿な飼い主。発見がそのせいで遅れたのかもしれない。ごめんねダビデ。大きな腫瘍をお腹に抱えて苦しかったろうに。辛かったろうに。

ダビデ、ダビ、ダビちゃん…。何度呼んでもダビデが家にいない。何をしていても、何を見てもダビデを思い出す。我が家の中心にいて、いつもいつも一緒だったダビデ。洗面所に行くと水をねだる。袋をガサッとさせるとオヤツだと思って走ってくる。風呂に入るとドアを開けろとシャカシャカとドアを掻く。キッチンに立つと、足元でおねだりをする。気づけば、いつもダビデが視界の中にいた。生きて欲しい。苦しむダビデは見たくないよ。いつもおっとり、のんびり、呼ばれると走ってくる。そんなダビデじゃないとイヤだよ。あんなに大きな腫瘍だもの、きっと長くは生きられないかもしれない。今は突きつけられた辛い現実を少しずつ受け入れながら、ダビデのいない状況に慣れていくしかない。手術して抗ガン剤治療をしてどのくらい生き延びるのか？ダビデとの

お別れは近づいているのか？こんなに早く、なんで？なんで？

　今まで何度もダビデが死んだ時のことを想像してきた。想像の中の死と実際に肌で感じる死は、違っていた。現実の死は思っていたよりも、もっともっと恐ろしいものだった。

10月5日（金）手術

手術の日。麻酔の前に一度会わせてもらう。ダビちゃん、がんばれ！心の中で祈る。手術の途中オペ室に呼ばれ、実際の腫瘍を見せていただく。野球ボールに近い大きさのものだった。幸いにも腸への癒着は少なかった。腫瘍は盲腸にできていたとのこと。2時間ぐらいかかる手術だったが無事に成功した。腫瘍は全部摘出され、切り取った腫瘍も見せてもらい、説明をしていただいた。放っておいたら腸閉塞などを起こしていたかもしれない。すぐに手術してよかった。病理検査の結果が怖いけれど、今はとりあえず手術の成功を喜びたい。手術後すぐにダビデに会わせてもらう。目は開いていたが麻酔が効いているため、うつろだった。よく頑張ったねダビちゃん！

10月6日（土）面会へ

面会に行くと、最初は声を掛けても私たちだとわからなかったようだが、匂いを嗅いで飼い主とわかったのか、スリスリして起きあがってくれた。まだ術後間もない体だから起きなくていいのに。酸素室にいたダビデは、お腹の傷は痛々しいけれど思ったより元気そうだった。ドアを閉めて帰ろうとしたら、ニャオニャオ大きな口を開けて鳴いていた。あんなに鳴くダビデは珍しい。行かないでって言ってるのかな。何で行っちゃうんだよって怒っているのかな。後ろ髪を引かれながら帰る。ダビちゃん、明日も来るからね。

10月7日（日）　2度目の面会へ

昨日と違ってすぐに私たちだとわかったらしく、スリスリ、ゴロゴロ、ブーブー鼻を鳴らしていた。

手がグーパーグーパー、甘えてる時のようになっていた。愛おしい。これがダビデの本当の姿だ。看護師さんが明日退院できると教えてくれた。ご飯が無事に腸を通過したことをレントゲンで確認し、問題がなければ退院。待ち遠しい！今日の血液検査の結果も特に問題なし。

帰り道は久しぶりに晴れやかな足取りだった。病理検査の結果はまだ出ないが、今は考えないようにしよう。明日の退院に備え、掃除をする。掃除機の音が大嫌いなダビデのために、できればしばらく掃除機をかけないようにしてあげたい。気づけばこの10日間、ご飯も作らず、掃除も洗濯もしてなかった。睡眠時間も少なかった。仕事も手につかなかった。今日は、久しぶりに家で簡単なご飯を作り、掃除、洗濯をした。明日はいよいよダビデが帰ってくるのだ。

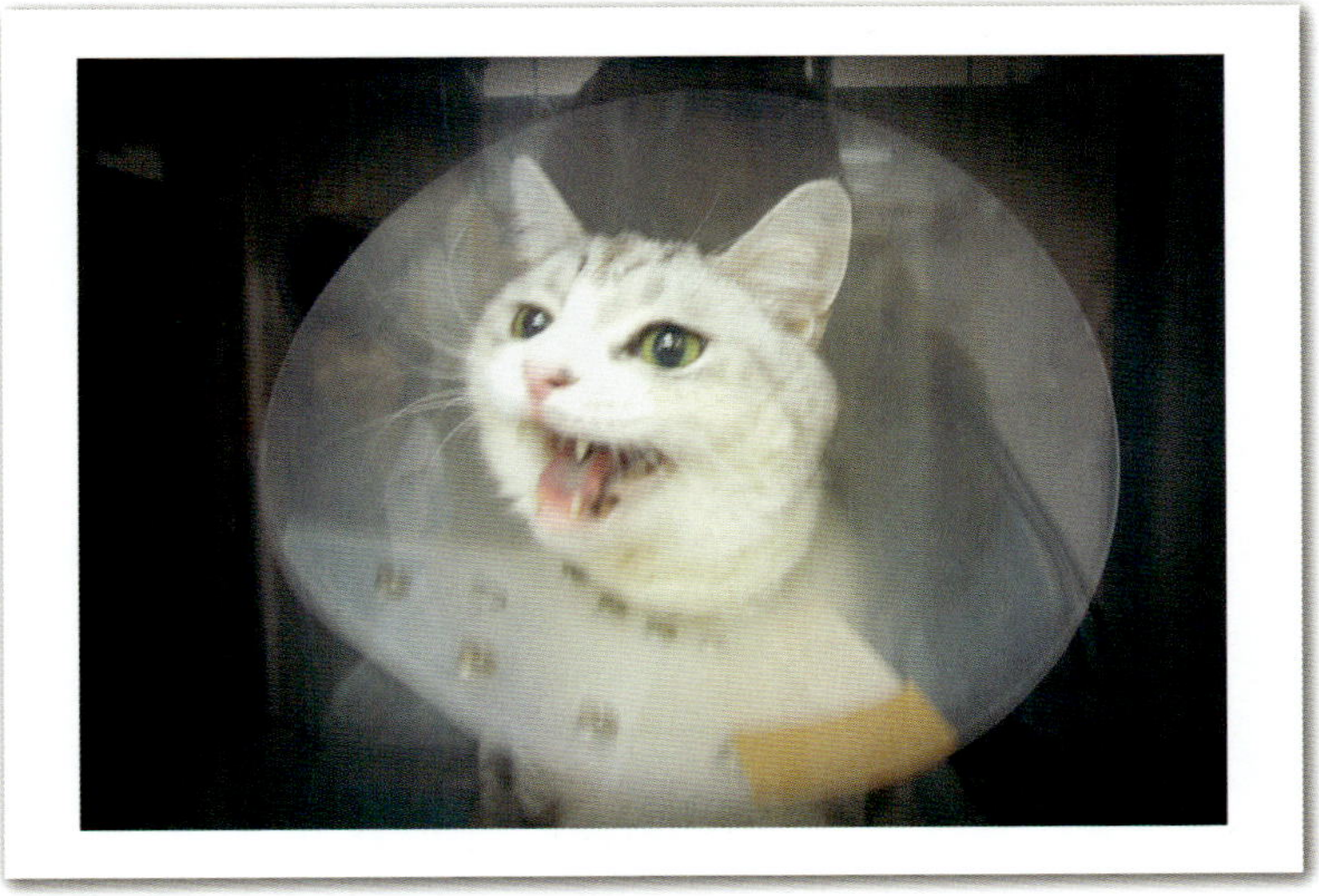

面会から帰ろうとすると、大きな声で鳴くダビデ。

10月8日（月・祝）退院

すぐに会わせてもらえると思ったら、混んでいたので2時間待った。キャリーに入ったダビデを看護師さんが持ってきてくれたので、ファスナーを開けて顔だけ見ようと思ったら「出せ！」と言わんばかりに大暴れ。とうとうキャリーの外に出てしまう。ここに来た6日前はぐったりしていたから、ずいぶん元気になったと思う。レントゲン写真を見せてもらったら、きちんとウンチが腸を通過しており問題はなさそうだ。先生にご飯や薬について説明を聞き、私たちがキャリーに入れようとしたら入ろうとせず。先生が抱っこして入れたらすぐに入った。雨の中、タクシーで帰る。タクシーの中もずっとニャオニャオ鳴きっぱなし。

家についてキャリーを開けたとたん、大急ぎで家の中を探検するダビデ。まずは、ご飯置き場。

そしてトイレでオシッコとウンチをした。しっかりしたウンチを見てひと安心。ウンチを見てこんなにホッとするなんて！爪研ぎもたっぷりした。ご飯をくれ、とうるさいので病院でもらった缶詰をあげるが食べず。家にある市販のウェットフードをあげたら食べてくれた。ハイテンションのダビデは、手術跡をカバーするためのカラーをつけたままあっちこっちにぶつかって、それでもいろんな場所にスリスリしようとする。気の毒なので不要なＴシャツを細工して術後服を作り、カラーを外して着せてあげた。

　しばらくして疲れたのか寝てしまった。元気なダビデを見た今、病理検査の結果だけが心にひっかかる。私たちはネット上で猫の病気のことをさんざん調べていたから、病名についての見当も少しはついていた。もし腫瘍がガンで、次に転移な

どがあれば恐らく命はないだろう。その日が来るのを考えるといたたまれない。神様、どうか腫瘍がガンではありませんように…。

蛇口から水を飲むのが好きだった。退院してやっと飲めたね。

君が退院して我が家に戻って来たとき、
私たちがどんなに嬉しかったか
君にわかるかな。

君もとっても嬉しそうに見えたよ。
興奮しながらあちこち探索してたね。
我が家のパトロールが君の日課だったものね。

♣ 命のカウントダウン

10月9日（火）検査結果

ついに病理検査の結果が出る日。心臓が締めつけられる。病院への道を歩きながら、怖くて怖くて息が詰まった。覚悟は出来ているとはいえ、実際に突きつけられた現実とどう向き合えるのかわからなかった。医者で30分ぐらい待たされる。長くて苦しい30分だった。

先生が入ってきて、紙を1枚見せてくれた。まず飛び込んで来たのは「悪性リンパ腫」という文字だった。最悪だ…と、思わず口にしてしまった。そこに書かれている言葉は「根治しない」「グレード高」「延命」など恐ろしい文字ばかり。覚悟していたことだけれど、本当にダビデがもうす

試作の術後服はダビデの怪力ですぐボロボロに。

ぐ死んでしまうのだという事実がすぐには受け入れられず、頭が真っ白になる。「消化器系悪性リンパ腫」。ひと通りリンパ腫についての説明をうかがう。リンパ腫には抗ガン剤治療が効果的で、何年間も生きている子も中にはいるということなのでお願いする。他の繊維腫や脂肪細胞腫などよりは抗ガン剤治療で延命できる可能性は大きいらしい。ただし、抗ガン剤治療はクオリティ・オブ・ライフを重視するとのこと。ダビデが副作用により、ぐったりしてしまうだけならやっても意味がないので、様子を見てこの先の計画を立ててくださるとのこと。わずかな希望にかけるしかないだろう…。1日でも長くダビデと一緒にいたかったから、今ここで抗ガン剤治療をしない選択は私たちにはできなかった。

家でダビデを見ていると、この子が死んでしま

新しい術後服を作っていると、すぐそばで見ていた。

うなんてまだ信じられない。こんなに甘えん坊で、こんなに食いしん坊なダビデがもうじきいなくなるなんて。ダビデと暮らせる時間が残り少ないなんて。寝ているダビデは辛そうな顔をしている。代われるものなら代わってあげたい。こんなに小さい体でガンと闘っているなんて…。

スウェット生地の術後服を再び作ってあげた。還暦の赤いちゃんちゃんこみたいだねと言ってダンナと笑った。

何となく、ダビデは最近私たちの近くにいる。ずっと甘えん坊なのだ。自分の死を感じているんだろうか。甘えてくれることが嬉しくもあり、切なくもある。

帽子を作ったら還暦のお祝い風になってしまった。

あのね、ダビデ。
君は「悪性リンパ腫」という
治らない病気なんだって。
先生にそう言われたよ。

Davide
5.18.2007

第三章　できることのすべて

君と過ごす日々が

ともに紡ぐあたたかな時間が

永遠に続くかのように思っていた。

ひとときも離れずにいよう、

君のぬくもりが消えるその日まで。

♣ 抗ガン剤治療がはじまる

10月13日（土）

足がふらついている。頭を振ると転びそうになる。脳や骨髄にまでガンが回ってしまったのか？素人の考えはどこまでも暗い方に突き進む。転ぶダビデを見るのが忍びない。この先、歩けなくて寝たきりになっちゃうこともあるのだろうか。翌日も足のふらつきは悪化し、ほとんど歩けない状態に。転んでばかりいる。ご飯も食べず、大好きなオヤツもあまり口にしなくなる。手術は成功したのになぜ？

10月15日（月）抜糸

抜糸をしに医者へ行く。足のふらつきは貧血のせいだと言われ、ちょっとホッとした。抜糸は簡単にチョチョッと切って終わった。特に問題はなし。これで抗ガン剤治療がいつからでも始められるとのことなので、明日にお願いする。

医者から帰ると我が家に戻ったのが嬉しいのかいつもテンションが上がる。爪研ぎをし、かつお節をかけたフードを食べ、柱をガリガリし、家中の探索をした。そんなに歩いて疲れないといいけどな。

10月16日（火）抗ガン剤治療1回目

いよいよ抗ガン剤治療が始まる。抗ガン剤治療が受けられるかどうかを血液検査やレントゲン検査、末梢血検査などで確かめた。特に問題はないため抗ガン剤治療を開始。午前中ダビデを預けて再び夕方4時頃に迎えに行く。ダビデは抗ガン剤を打った後でも思ったより元気なので安心した。次は2週間後、調子がよければ3週間後になるという。効果は1週間から10日後にピークを迎えるそうだ。どうか効果がありますようにと祈るばかり。家に着いたダビデはまたハイテンションに。元気そうでよかった。体重5・85kg。念願の5kgにこんな形でなるとは皮肉だ。

　翌日から何だかすごく元気だ。ステロイドのせいか、ご飯もいっぱい食べる。動きも活発。先生が早ければ明日から食欲が出ることもあると言っていたが、本当にそうだ。ふらつきがまだあるのは気になるけれど。

　薬を飲ませなくてはいけないのだが、これがひと苦労。薬を口に入れたとたん、ものすごい量の唾液を出し、薬を吐き出す。嘔吐《おうと》までしてしまう。苦しそうなので見ていて辛くなる。逃げまわって、

メジャーと戯れるダビデ、ちょっと驚きすぎ。

よだれ、嘔吐。せっかく元気になったのになぁ。でも、この薬だけは何としても飲ませなくては。

次の日からもしばらくは元気だった。すごい食欲なのでこのままではまた太ってしまうのでは、と思うほどよく食べた。ふらつきも治りつつある気がする。とはいえ、まだ少し高い所に上ろうとすると失敗し、それがショックなようで少ししょぼんとしている。でも、こうしてまた幸せな日が訪れて本当に嬉しい。副作用も出ていないようだし、抗ガン剤、いいぞ！ダビデが元気だと私たちも元気でいられる。

10月30日（火）2回目の抗ガン剤治療断念

午前中、医者へ。採血の時、ダビデは注射も屁のカッパという感じで、おっとりとリラックスしたままだ。血液検査の結果、白血球と赤血球が減少していたため、抗ガン剤治療は今回見送りになった。1週間後は必ず打つのだがこれ以上、白血球などが減少すると他の病気に感染したり、貧血も悪化したりするらしい。抗ガン剤の副作用で骨髄抑制が起こるからしょうがないけれど、知らず知らず見えないところでダビデの健康な細胞が死んでいることにショックを受ける。食欲あり。体重6・1kg。2週間で250g増えた。

11月2日（金）

仕事から戻り玄関を開けたら、ダビデが爪研ぎ場まで走って行った。何で迎えに来ないで、爪を研ぎに行くんだよぉ（笑）。でも走ってる姿を見るのはうれしい。夜中にガサゴソ音がするから起きて見てみたら、エイヒレの入ったレジ袋に頭を突っ込んでいた。これこそダビデだよなぁ。

ただそこにいてくれるだけで。
君のぬくもりがそこにあるだけで
幸せだった日々。
あとどれぐらい君といられるのだろう。

♣脳への転移

11月3日（土・祝）容態急変

朝起きてダビデを見たら、歩くたびに足がふらついている。眼球が小刻みに動き、定まらない。頭が左に傾いている。何で急に？気持ちは元気なようで、爪研ぎをしたりオヤツをせがんだりするが、ご飯はあまり食べない。昨日もおとといもほどほど元気だったから安心していた矢先だ。貧血なのだろうか？脳に転移じゃないよね？貧血だとしたら今までよりかなりひどい貧血。前回、抗ガン剤を打たなかったのだから白血球が増えて、貧血はよくなるはずなのに…。水も大好きな洗面台に乗って飲まなくなる。ふらふらのまま歩いて、時々転んではガタンと大きな音を立てる。

そのたびにヒヤッとして様子を見に行く。抗ガン剤を打ってからずっと元気でこのままよくなると思っていたから、ショックは大きかった。病院に電話したが通じず。今日は祝日で午後は休診だったのだ。明日はいつもの先生がいないし。このまま明日もこの状態なんて可哀想だ。何とかしてあげたいがどうにもならない。

11月4日（日）緊急で医者へ

昨日よりもさらにふらついている。全然歩けないぐらいだ。ご飯も食べない。医者に電話して症状を話す。いつもの先生じゃない別の先生にすぐ来てくれと言われ、タクシーで向かい診てもらう。

症状的に神経系もしくは脳に転移している可能性があるとのこと。左に傾斜している状態は内耳に問題がある場合もあると耳の中も診てもらう

が問題はなかった。強めのステロイドの点滴、発作（てんかん）防止の薬、水やビタミンの皮下注射。発作が起きた場合のための座薬をもらう。発作って？そんなに悪い状態なのだろうか？もう元気なダビデには会えないのだろうか？容態の変化が急激すぎてついていけない。覚悟もできていない。こんなに早く転移してしまうなんて。

　家に着いてダビデは興奮気味に部屋を探索。気持ちは元気なのに身体が思うようにいかず転びそうになりながら歩く。歯がゆいだろうな。遊びたそうにしたり、洗面台に乗りたがっていたりしている。ソファに上がろうとしては転ぶ。トイレから出る時も転んでいる。不憫で見ていられない。元気じゃないダビデをこんなに早く見ることになるなんて。あとどのくらい持つんだろうか。

　翌日はステロイドが効いたせいか、昨日より表情がイキイキして眼震もなくなった。転ぶことも少なくなってきた。これはダビデ自身が自分のふらつく体に慣れたせいかもしれないけれど。

11月6日（火）抗ガン剤治療2回目

　午前中、抗ガン剤治療をしに医者へ。先生いわく、やはり転移と考えていいだろうとのこと。脳というのはレントゲンではわからない場所なんだそうだ。ＭＲＩに入ればわかるが、麻酔をする必要がありリスクを伴うためこれ以上検査はしない。左耳の後ろあたりに腫瘍ができている可能性があるとのこと。左まぶたを触っても反応しない。血液検査の結果、白血球などが少ないため、増血剤、輸血などをして抗ガン剤を打ってもらう。神経は一度受けたダメージが回復するのに時間がかかるそうだ。時間はかかるが少しずつよくなるとのこ

と。

夜、ダンナが医者にダビデを迎えに行った。抗ガン剤のおかげか食欲もあるし、左への傾きは減っている。歩き方も昨日よりはしっかりしている。先週、打ってもらっていたらこの症状は出なかったかもしれない。今思えば手術後にふらついていたのは、その時すでに転移していたからだったのかもしれない。それだとすべての辻褄《つじつま》が合うのだ。脳はガン細胞が一番到達しにくい場所だそうだ。だから内臓などよりは転移しにくいはずなのに、他をすっ飛ばしてガン細胞のヤツ、脳へいきやがった。ものすごく強靭《きょうじん》で進行の速いガン細胞だったのだ。

ダビデはずっと我慢していたのだろう、帰ってきてすぐ大きなウンチをした。ステロイドの錠剤は強めに変更。ネット上で読んだのだが、ステロ

どんな症状になろうとも、最後まであきらめないよ。

イドで抑えていた腫瘍が再発した場合、前の倍の速さで悪くなる。それはもう抗ガン剤では抑えられないそうだ。

11月7日（水）

抗ガン剤が効いているのか左側への傾きやふらつきは治まっており、顔も動かせる。目の表情もよくなってきている。ご飯もよく食べる。ウンチも正常。スリスリしたり鳴くようになった。このままよくなってくれるといいのになぁ。抗ガン剤が効かなくなったり、血管がボロボロになって抗ガン剤が打てなくなる日が来るのが怖い。薬によってダビデは生かされているのだと実感する。食欲はすごくあるので好きなものを食べさせてあげる。その後数日経ち、抗ガン剤の効き目がピークに達したのか、ますます元気になって走ったり、柱にジャンプしたりしたので嬉しくなった。

11月20日（火）抗ガン剤治療3回目

血液検査の結果、問題なく抗ガン剤が打てた。今日は初めて血液検査の時ウーウー怒っていた。痛いのかな。夕方、いつものように迎えに行く。家に帰ってさっそく大小のトイレを済ませ、ご飯をバクついていた。よっぽどお腹が空いていたようだ。ずっと元気で鼻もピンク。よかった。そんなダビデの姿に私たちの方が励まされている気がする。

ふと振り向くと君がすぐ近くにいて
何をするでもなく、
ただ黙ってくつろいでいたね。
「いつからいたの？」と声を掛けると
起きあがってスリスリしてくれた。
ささやかだけれど大切なひととき。

♣ 治療の限界がきた

11月30日（金）

ずっと元気な毎日だったから安心していた。だが今日は足がよろけている。少し元気がない。抗ガン剤が切れてきて、神経のところにあるガン細胞がまた大きくなったんだろう。医者に電話して予定を変更して明日また抗ガン剤治療をすることに。

12月1日（土）抗ガン剤治療4回目

予定より4日早い抗ガン剤治療。血液検査の結果、造血剤や輸血はしなくても大丈夫とのこと。採血の際、針を刺してもなかなか血が注射器に溜まらず大変だった。抗ガン剤のせいで血管が傷つ

悪化する病状を、薬でも止めることはできなかった。

いていたり、血圧が低くなっているのだろう。見えないところでダビデの体は弱っているのだ。抗ガン剤治療が受けられなくなる日も近いのかもしれない。しばらく好調だったから凹む。ダビデのガンは強靭で、抗ガン剤とのせめぎ合いなのだ。抗ガン剤、高いんだから勝ってくれよ！

　採血中、ウーウー、シャーシャー、先生にパンチ。いつも大人しかったダビデが怒るんだから、よっぽど痛いんだろう。見ているのが辛い。

　夕方、医者から家に着いたダビデはいつも通り興奮気味。朝から何も食べてないからお腹がペコペコらしく、ご飯の食べっぷりがものすごい。よろけ度合いが朝より大きくなっているのが気に掛かる。

12月7日（金）抗ガン剤が効かない

　あまり抗ガン剤の効果が見られない気がする。日に日によろけるようになっており、顔の傾斜も見られる。もう抗ガン剤は効かないのかもしれない。このまま悪くなっていくのかもしれない。

　翌日、ますますふらふらの足取りになり、顔も傾いている。ものすごく傾いている。おとといより昨日、昨日より今日、目に見えて状態は悪化している。

12月9日（日）

　医者に連れて行くのを察知したのか、ダビデがコタツの中に入ったまま出てこなかったので行くのをやめる。脳というのは治療法が抗ガン剤ぐらいしかないのに、抗ガン剤も効かなくなっているのだから一体どうすればいいのだろう。

昼過ぎ、宅配便が来たら傾いた体で我れ先にと玄関に行くダビデ。気持ちだけは元気なのだ。それがまた痛ましく思える。

夜、私の部屋でダンナと話をしていたら、ダビデがものすごく傾いた体でやってきた。いつもの光景。こんなささやかなことが本当はものすごく幸せなことだったんだと、改めて思った。もう私の部屋にダビデがやってくることは数少ないかもしれない。たくさん撫でて声を掛けてあげる。満足げなダビデ。大切な大切ないつもの光景。

12月12日（水）最後の抗ガン剤治療

今までの副作用の弱い抗ガン剤は効かなくなっているので、もっと強い薬に切り替えていくとのこと。私たちはこの3日間、抗ガン剤治療を今後するべきかどうかで悩んだ。副作用で苦しんでは

治療をする意味がないのではないだろうかと。結果、最後にこの1回だけ治療をしてみることに。これで効果がなければもう治療はしない。残り少ないダビデの人生を家で好きなように過ごしてもらおうと思う。

午前中、ダビデを医者に預けて夜6時半ごろ引き取りにいく。思ったより元気な様子で安心した。ウーウーうなりっぱなしだったから、よっぽどイヤなんだろうな。オシッコをキャリーにもらしたとのこと。朝から1度もトイレに行ってないからしょうがない。先生の話によれば、他の種類の抗ガン剤もあるけれど、やはり副作用の心配もあるし、効かない可能性もある。抗ガン剤の〝限界〟も考えなくてはいけないとのこと。〝限界〟。もう限界なんだ。私たちも先生に、もしこの治療が効かないようだったら抗ガン剤治療はやめようと

思っている旨を伝える。医者に行くストレスから解放してあげられるし、これでいいんだと思う。

　帰りのタクシーの中はやたらと元気でキャリーの中で暴れ、よく鳴いていた。家に着いたらまずはトイレへ駆け込むダビデ。そしてご飯。野性味あふれる食べ方でたらふくドライフードを食べた。よっぽど空腹だったらしい。ダビデらしいいつもの行動。家に帰ったのが嬉しいのかずっとウロウロ探索していた。疲れているはずなのにな。これからはずっと一緒だよ。もう嫌いな医者へは行かないよ。ご飯も好きなだけ食べていいよ。最近では珍しく私の部屋で横になりぐっすり寝ていた。この光景はあと何回見られるのだろうか。

最後の抗ガン剤にわずかな望みをかける。

もう治療の限界なんだって、ダビデ。
明日からは大嫌いな医者へ
行かなくてもいいんだよ。
最後まで一緒にいるよ。
君の姿も、君の教えてくれることも
全てをこの目に焼きつけておくからね。

12月19日（水）

この前の抗ガン剤治療から1週間。少し元気なダビデになってからまだ1週間しか経っていないんだなぁ。ここ数日はとても元気。強めの抗ガン剤はとてもよく効いている。顔の傾きはゼロ。頭を振ると少しよろめくぐらいだ。副作用も目に見える範囲では特にない。ダビデ、強し！その分、薬が効かなくなると突然症状が悪化するのだけれど。今の薬が効いているのはあとどのぐらいかな。また効かなくなる日が怖い。

今日はいつもより長めに出かけて帰ったらダビデが玄関に迎えに来た。久しぶりの光景。ソファにも何度も上って来た。具合が悪いときはソファに上るのにも失敗していたから、元気な証拠だ。ソファで私のひざに頭をもたせかけて寝るダビデ。こんな姿、元気な時だってあんまりなかったなぁ。これじゃ、また別れが辛くなるではないか。

12月21日（金）副作用の苦しみ

少し元気がない。ご飯もあまり食べない。もう薬が切れたのか？昨日まで元気だったのに…。

翌日は2回嘔吐。数回下痢をする。こんなに下痢をしたことがなかったから、よっぽど悪いんだろう。辛そうだ。抗ガン剤が切れたのか。それとも副作用なのか。いずれにしても、もうこれ以上抗ガン剤治療をするのは体力的にもムリだ。今日は本当は血液検査に行かなくてはならない日。でも、ぐったりしているダビデを連れていくのは気の毒だし、もう抗ガン剤治療もしないつもりなので行く必要はなし。このままダビデの体力はどんどん落ちていってしまうのかな。顔が傾いていても足がよれよれになってもご飯だけは食べていたダビデ。気持ちだけは元気だったダビデ。でももう本当にダメなのかもしれない。

次の日、夜中にドライフードは食べていたが、それ以降ほとんど食べない。夕方からまた下痢。何度も何度も。本当にしんどそうで、ぐったりしている。下痢はなんとかならないのだろうか？　体力を消耗してしまう。夜中にカプセルに入れたステロイドを飲ませてみる。

12月24日（月）

首がまた少し傾いている。抗ガン剤が切れたんだろう。10日しか効いてくれなかった。ステロイドのせいか食欲が少しだけ戻り、昨日よりは調子がいいようだ。ソファに上ったり、私の部屋にやってきたり、体調がいいと甘えん坊になる。元気な姿を見せてくれたことが何よりも嬉しい。夜に柔らかいウンチをしたが、昨日の下痢よりはましだ。このまま少しでも下痢がよくなりますように。

12月25日（火）最後のクリスマス

首の傾きはさらに悪化。ふらつきも大きい。仕事から帰ってみるとトイレに下痢のあと2つ。ダンナが言うには今日は数回吐いたそうだ。ご飯も食べずぐったりしている。薬を飲ませようとしたが、頑として飲まず、何度かチャレンジしたがダメだった。そんなにイヤならもう薬もやめたほうがいいのかな。ずいぶんほっそりした。そんなに死に急がないでほしい。

ダビちゃん、今日はクリスマスだよ。君と一緒に過ごせて私たちはそれだけで嬉しいよ。

12月26日（水）

医者が年末の休暇に入ってしまうため、薬をもらいに行く。いつものステロイドに加え下痢止めをもらってきた。あまりに混んでいたので、先生には会わず。夜電話をいただいたので、抗ガン剤治療を止める決意をしたことを伝える。先生いわく、ステロイドの錠剤は続けた方がいいとのこと。下痢と嘔吐は今の段階では副作用によるものらしい。もしあと1週間以上続くようだとガンが再び腸に出来たってことなんだろう。顔の傾きはさらに悪化。足のふらつきもひどくなる。何か食べたそうにするがドライフードもウェットフードも食べない。かつお節と焼き海苔だけ少し食べた。今日は下痢と嘔吐はないので、副作用が少し治まってきたのかもしれない。

歩くこともおぼつかなくなってきて…

終章

ぬくもりが消えるとき

目の前で小さく揺れる
君のいのちのともしびが
こんなにも大きなぬくもりとなって
私たちの胸に伝わってくる。
火が燃ゆる限りそばにいるよ。
君との最後の大切な時間。

♣ そばにいてくれるだけで

12月27日（木）

朝からコタツの中に入って出てこない。ぐったりしていて、もう動けないようだ。死への想像が実感に変わった。ひとつの命が消えようとしているのを肌で感じた。

午後2時頃、手からかつお節と鶏けずりとドライフードを食べた。寝たままだったけどムシャムシャ食べた。まだ食べたい意欲はある。ダビデの生きたいという意志が伝わってきた。

その後、外出から帰ってきたらますます悪化していた。昨日から準備していた段差のない犬のしつけ用トイレでさえふらふらで出来ない。もう歩けないのだ。

12月28日（金）

ダンボールを置いたら入っていったので、今日からダビデの寝床になった。ご飯は寝ながら食べる。ドライフードをあげると、もの凄い勢いで食べる。寝ながら食いつくのだ。顔も起こせないから寝ながら水も飲ませる。ほとんど歩けないけれど夕方6時頃、一度だけよろけながら出てきた。トイレに向かう。歩くのが大変そうなのでトイレを持ってきてあげたのに、わざわざいつもの場所まで行った。斜めになりながら転びそうになりながら、ちゃんといつものトイレでオシッコをした。なんてえらいんだろうダビデ！ たくさん褒めてあげた。ダビデも頑張っているんだから、私たちも頑張らなくては。ダビデの頑張る姿が、今の私たちの心の支えだ。少し歩いては休み、ウロウロ探索している。気持ちはまだ元気なのに身体がいうことをきかない。不憫で仕方がない。この時が、歩くダビデの姿を見る最後となった。
こうなって改めて自分たちの不勉強さに後悔ばかりの毎日だ。今までの飼い方すべて、病気になって医者まかせにしたこと、数えたらキリがない。ダビデが最初に飼った猫であることで、ダビデを犠牲にしてしまったことへの申し訳なさでいっぱいだ。今になってみれば、抗ガン剤やステロイドはダビデにとって最良の治療とは思えない。それに気づいた今では、もう遅いのだ。化学療法以外のホメオパシーやサプリのこともちゃんと勉強しなかった。ダビデに心から申し訳なく思う。

12月29日（土）
歩けなくなっている。寝返りしかうてない。今日は一度も起きてこなかった。トイレに行かなくて大丈夫なのかな？犬用のシートを敷いてはいるけど、そこではまだしてくれない。相変わらずものの凄い勢いでドライフードとかつお節を食べる。食欲があるのはいいことだ。

12月31日（月）ダビデと過ごす最後の大晦日

朝9時頃、ひと鳴きしてオシッコを寝床でしてしまう。急いでシートをお尻に敷いてあげた。その前数時間、何度も寝返りを打っていた。我慢していたんだ、きっと。気づいてあげればよかった。ごめんね、ダビデ。その後、我慢しすぎて疲れたのかダンナの布団に頭を突っ込んでぐっすり寝てしまう。

　どこでもオシッコできるようにと人間の赤ちゃん用のオムツを買ってきたが、12kgまでって書いてあったのに小さかった。オムツはあきらめる。とりあえず大きなトイレシートを何枚も敷いておいた。しばらくウンチがでないのが心配だ。お腹が張ってるようだからマッサージしてあげてもダメだった。

　私たちがそれぞれ自分の部屋に入ってしまうと、ダビデがひと鳴きする。声もちゃんと出ないからヘンテコな声。急いで駆けつけるけど何をして欲しいかわからなかった。寂しくて鳴いてるのかな。ダビデと過ごす大晦日。一緒に年を越せたね。

1月1日（火）

　2008年が明け、お正月気分に浸ることもなく静かに元旦が過ぎていく。ダビデと一緒に新年を迎えられたことが何よりも幸せだ。

　寝たままオシッコをするのには抵抗があったようだがようやくスムーズに出来るようになった。ウンチもやっとでた。ただ咀嚼《そしゃく》力や胃の力が弱まっているせいか嘔吐を2回した。吐いたせいでご飯をあまり食べなくなった。

私たちの姿が見えなくなると
君はよく鳴いていたよね。
寝たきりだから、ヘンテコな声。
寂しくて鳴いているの？

君と過ごす最後の大晦日。

私たちは君が寝たきりでも
そばにいてくれるだけでいいんだよ。
ダビデがいるだけで、
それだけで幸せなんだよ。

1月5日（土）

ドライフードをお湯でふやかしてあげたらよく食べるようになった。よく食べるからと喜んでいたのだが、食べ過ぎのせいか夜中に大量に吐いてしまった。食べさせすぎたのかもしれない。寝たままなので吐きたくてもなかなか吐けず、数時間すごく苦しそうだった。吐いた後、胃がピクンピクンと時々ケイレンのように動く。ぐったりするダビデ。反応もない。もうダメかも…と思った。私たちもほとんど眠れず。ダビデは3回目に吐いた後、疲れたのかようやくぐっすり眠ったようだ。

1月7日（月）

夜中に1度吐いた。やっぱり吐く時は長い時間苦しそうだ。ご飯をあげると食べるけれど、吐いてしまうのでどうしたものか。お尻があまりにも

ダンナの布団に顔を突っ込んで寝るダビデ。

汚いので、シャンプーしてドライヤーをかけ、まわりの毛をカットしてあげた。思ったより嫌がっていない。元気な時は暴れて嫌がったのに。ダビデも気持ち悪かったんだろうな。ご飯はドライフード15粒ぐらい。

1月10日（木）

昨日から嘔吐と下痢が続いて辛そうだ。ご飯はほとんど食べない。シリンジで流動食もあげてみたけど、ほんのちょっぴりしか口にしない。どうすればいいんだろうか。夜中は鳴かなかった。鳴く元気もないんだろうか。もしダビデが言葉を話せたなら、痛みや苦しみを少しは和らげてあげられるのに…。最後まで諦めずに私たちにやれることは全てやってあげたいと思う。

どんな時でも君は可愛かったね。

1月12日（土）

下痢止めと吐き気止めの薬を砕いて猫用流動食に混ぜ、哺乳瓶《ほにゅうびん》であげたらけっこう飲んでくれた。薬が効いたのか今日は一度も吐かず、下痢もなし。ひと安心。

1月14日（月・祝）

流動食も吐くようになってしまった。たった10ccほど飲んで、それさえも吐いてしまうなんてどうすればいいんだろう…。吐いた後はぐったりしている。つい数日前までシッポだけは反応していたのに、シッポの反応もほとんどなくなった。鳴く回数も減っている。顔や首をダンナがタオルで拭き取ってあげていた。汚いと可哀想だからと、この間から一生懸命に体を拭いたり、お湯で洗ってあげたりしている。

今日は私の誕生日。お正月頃は誕生日が一緒に過ごせるとは思っていなかったから、ダビデはずいぶん頑張って生きていると思う。その姿が何よりのプレゼントだ。ありがとう、ダビちゃん。

今の目標は今月いっぱい一緒に過ごせるかどうかだ。反応なんてなくてもいいから、ただ寝ているだけでもいいから生きていてほしい。それとも本人は楽になりたいのだろうか。

1月15日（火）

食べない。飲まない。水や流動食を口にムリにいれても飲み込もうとさえしない。全く受け付けない。反応はますます鈍くなり、死に向かっているのが伝わってくる。衰弱してきていて首から肩にかけては骨が浮き出ている。どんどん小さくなっている。

1月18日（金）

昨日からオシッコを何度も大量にしていたが、今日の昼頃で止まった。今まで水さえ飲まなかったのに、今日はたくさん水を飲んだ。あげてもあげても飲む。少し安心する。ご飯には全く口をつけない。ミルクも流動食もダメ、ドライフードをふやかしたのも受け付けない。食べなければすぐ死んでしまうよ、どうしよう。

1月19日（土）

相変わらず水はよく飲む。表情が元気だからご飯も食べてくれると嬉しいんだけどやっぱりムリだった。体重5・0kg。8・1kgもあった子だったのに。

抱っこして外を見せてあげると少し表情がイキイキするので、窓際や洗面所や私の部屋に連れていく。「大好きな洗面台だよ、ここで水を飲んでたよね」と話しかけると少し目が反応する。ちょっとうれしいのかな。ウソみたいに軽くなったダビデを抱きながら、重たくて抱っこさえできなかった元気な時のダビデを思う。

夕飯をつくっている時に何度も何度も鳴いた。ダンナが「ひょっとしてブリ照り？」と言いだし、夕飯のブリ照りをあげたら、食べた！ブリ照りの匂いに反応して鳴いていたようだ。何にも食べなかったのにブリ照り？食いしん坊らしさをうかがわせてくれて嬉しい。今はブリ照りだろうが何だろうが、自分で欲することが何よりも大切なことだと思う。まだ大丈夫。少しだけ生き延びたかもしれない。

1月22日（火）
ホッケやなまり節をあげる。少しずつだけど食べる。チューブ状の栄養滋養剤が今日届いたのでさっそく指につけて口の中に入れてみる。嫌がる様子もなく舐《な》めてくれてよかった。夜、黄色い胃液を吐く。調べたところ空腹時間が長いと黄色い胃液（胆汁）になるようだ。

ダビデにとっては辛い毎日なのかもしれないけれど、私たちにとっては穏やかな毎日が続いていて、時々幸せさえ感じるこの頃。こうして寝たままでもダビデがずっとそばにいてくれる、そのことが今は嬉しい。まだまだ頑張ってほしいと心から思う。元気な時の面影は全くないけれど、顔も体も汚いけれど、どんな姿になってもダビデはダビデだ。愛おしく思う。いなくなったらどんなに寂しいだろう…。

お見舞いのお花と一緒に。

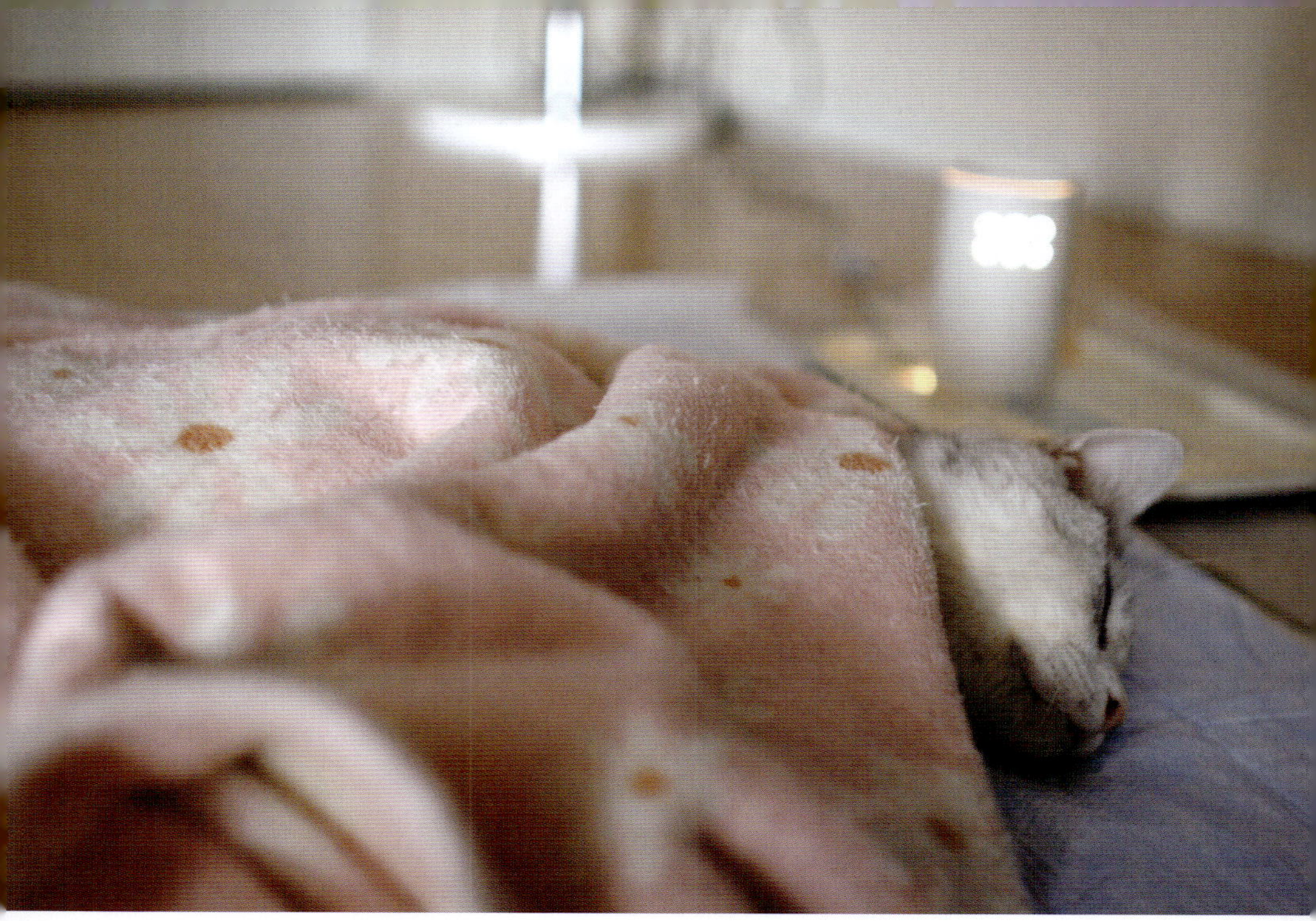

日に日に反応が弱まっていく。
呼びかけにも応えなくなって
君の魂までが小さくなった気がした。
別れの足音をすぐ近くに感じながら
私たちはただ見てることしかできなかった。

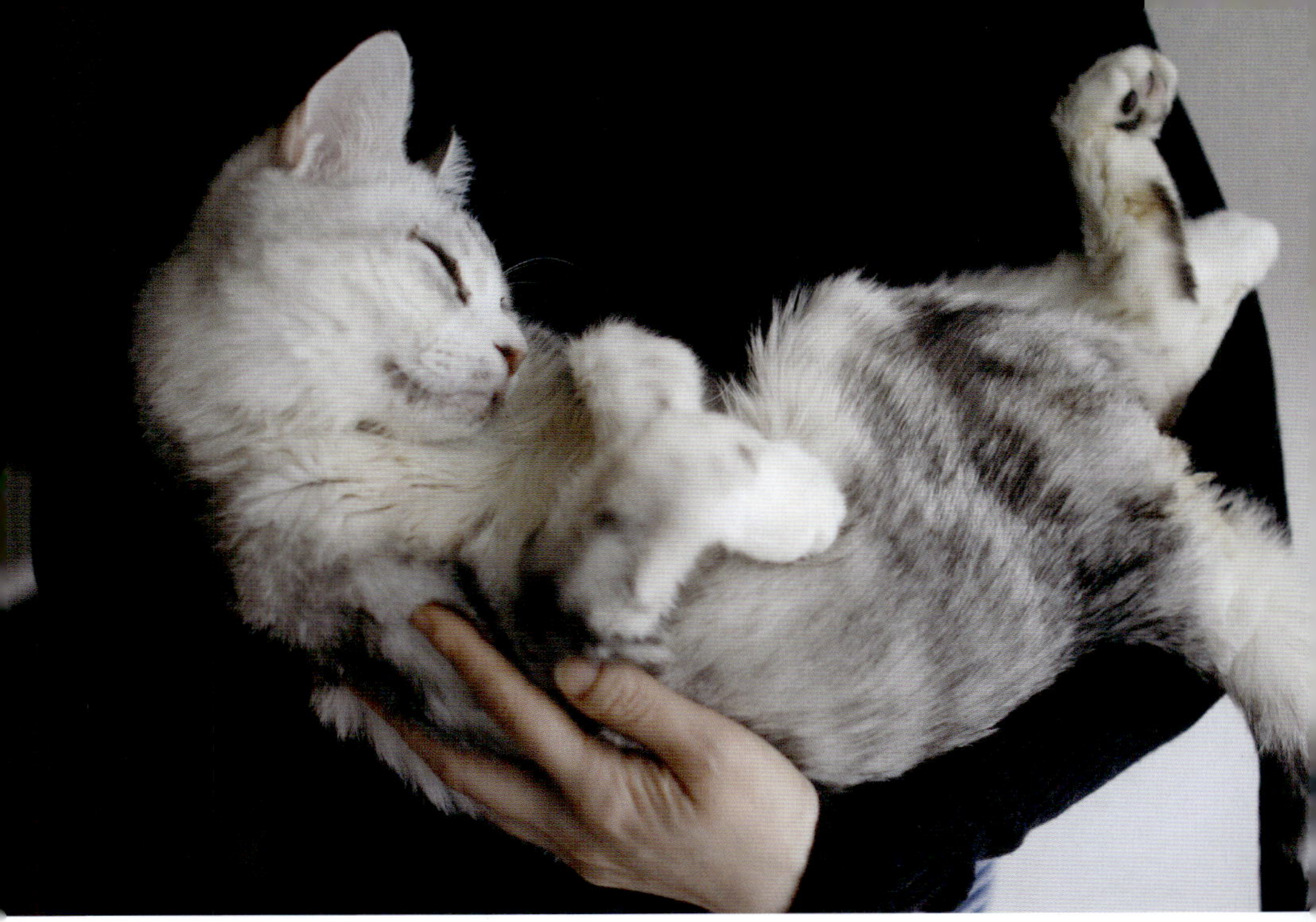

抱っこして外を見せてあげると
君の表情が少しイキイキした気がした。
真冬の空、君には見えていたのかな。

♣ ダビデとの最後の時間

1月25日（金）

昨日からまた何も食べなくなり、吐き気がしきりにするようで辛そうだ。吐こうとしても何も出ない。脳のガンが大きくなったのかもしれない。表情や反応がさらに悪くなってしまった。これでもかこれでもかと状態が悪くなっていく。肩の骨がどんどん浮き出てきて痛々しい。もう、抱っこして体重を量るのさえ可哀想なぐらい弱っている。水を飲む勢いもますますなくなっている。今はブドウ糖とチューブの栄養剤にダビデの命をゆだねている状態だ。

1月28日（月）

吐き気がさらに頻繁に起こるようになった。吐き気止めの薬を水に溶かして飲ませるが、寝ながら飲ませている上に舌もうまく出せない状態なのでほとんどがこぼれてしまう。効いてほしい。

先週ぐらいから頭が後ろにのけぞるように傾く。この症状は脳にリンパ腫が転移した際に顔が左に傾斜した時と同じだ。恐らく脳の腫瘍がさらに腫《は》れて、後頭部への麻痺《まひ》が大きくなったのかもしれない。リンパ腫や脳への転移について調べてみたものの、最後はどのような症状になっていくのかがあまり書かれていない。脳のガンはできた場所によっても症状が違うから難しいのかもしれないが、末期の末期まできちんと書かれているものはなく、まだまだ動物医療の進歩の遅さを感じる。薬だって人間のものを応用しているわけだし、CTやMRIのある病院だって限られている。しかもそれを利用した検査料の高さは異常なほどだ。もっと動物医療が発展してくれることを切に願う。

今日、シッポを触りながら「ダビデ」と呼んだら少し動かして返事をしてくれた。ずっとシッポさえ動かなかったから嬉しかった。

1月29日（火）

私たちが寝入った朝7時から昼ぐらいまで何度も何度も吐き気を繰り返す。毎日その時間に数回は嘔吐しているが、今日はひどかった。人間の脳腫瘍について調べたところ、朝の方が夕方より頭痛と吐き気を強くもよおすようだ。毎朝ダビデは頭痛と吐き気と闘っているんだ。小さな体でどんなに苦しいことか。夜もずっと吐き続けた。何度

小さくなった手をそっと握りしめてみる。

も何度も吐き続けた。

　とうとう右の顔も麻痺してしまった。昨日までは目ヤニを取ろうとするとすごく嫌がったのに、今日は全く反応しないし、目も閉じない。舌が出せないからなのか胃が受け付けないからなのか、水も全く口にしなくなってしまった。口に入れても飲み込むことさえできないのだ。もう、呼んでも私の顔を見てくれない。なぜ、脳なんだろう?今さらながら腹立たしく思う。

　耳元で「お魚食べる?」と聞いたらシッポが少しだけ動いた。その言葉に反応するなんてダビデらしい。カニカマスライスの匂いを嗅がせるが、もちろん口は開かない。足の骨が鳥の手羽先みたいに浮き出てしまっている。

　ブログに脳外科医の方から今の病状についてのコメントをいただいた。確かな症状をいつも知り

お見舞いにいただいたチャンチャンコを着て。

たかったけれど、知る術がなかった。お陰で今どういう覚悟をしなければいけないかが明解になった。ターミナルステージ、終末期なんだ。最後の最後。わかってはいたけれど、少し動揺してしまった。これから本当の意味での死への覚悟が必要なわけだからしっかりしなくては、と思う。オロオロしてても始まらないのだ。この4ヶ月もの間、何度も何度も泣いてきたから、もう涙なんて出ないなぁと思っていたけれど久々に泣けた。ダビデと一緒にいられる時間が今度こそカウントダウンされたんだ。

夜中にダンナと2人でダビデの体をたくさん撫でてあげる。「ダビちゃんと呼ぶとシッポが動くよ」とダンナが言うので「ダビちゃん」と呼んでみる。ほんとだ、弱々しくシッポが動いた。「ダビ」とか「ダビデ」とかじゃ反応しない。「ダビちゃん」て呼ばれるのが好きだったんだ。試しに「おさかな、食べる?」と言ったら、これにも反応した。ダビデはやっぱり食いしん坊な猫だな。

1月30日（火）

この日が今日、やってくるとは思ってもみなかった。あと1週間ぐらいかなと覚悟はしていたのに、あまりにも早すぎる最期だった。私たちが就寝したのは午前4時過ぎ。その後、何度も吐き気がしているようなので時々様子を見てあげる。黒っぽい色のものを数回吐いた。お腹に何も入っていないはずなのに。今日はいつもより回数が多い。何度か起きて背中をさすったり、ダンナも起きてはダビデの口を拭いてあげたりした。

午前11時過ぎ、何度も何度も吐こうとしている音が聞こえてきて、少し長いなぁ、これじゃ苦しいだろうなぁ、体力持たないよなぁとウトウトしながら思いつつもすぐには起きれなかった。10分ぐらい経っただろうか、いつもの吐き気と違う音が混じっていたようなので慌てて起きた。吐く音の合間に時々ヒーッと引きつけるような息の吸い方を何度かした。吐き気はおさまり、ヒーッという息だけをするようになった。これはマズイかもしれないと「ダビデ、まだ逝っちゃダメだよ」と声を掛ける。寝ていたダンナを急いで起こした。驚いて起きたダンナがダビデに声を掛ける。その後まもなく、2回全身がつーっと伸びきって動きが止まった。最期の瞬間だった。私たちはダビデが死んだのかどうかわからずまだ声を掛け続ける。耳を当てて心臓の音を聞く。音がしない。死んでしまったの？「ダビデ、ダビデ」と声を掛けるが反応がない。ダビデは私たち2人が揃うのを待っていたかのように逝ってしまった。

君が逝ってしまった。
呼んでも呼んでも動かなかった。
ほわほわの君の体が
どんどん冷たく硬くなっていった。

今日はぽかぽかと暖かい日だよ。
空も澄んだ青空。
君が逝くのにふさわしい日だと思う。

最後の最後の肉球。

午前11時半近くだろうか。苦しんだ最期だった。あんなにあっけなく逝ってしまうなんて信じられなかった。苦しんだ最後の時間をずっと看てあげることができなかったことに後悔の念でいっぱいだ。ごめんね、ダビデ。本当にごめんね。

だんだん冷たく硬くなっていく体を前に、なすすべもなくしばし呆然とする。ダビデが寝たきりになってからいつもしていた足をクロスする形にしてあげた。そして目を閉じてあげた。少し苦しそうな顔だった。

死んでからすべきことを実行しなくてはいけない。そんな思いに駆られてか、私たちはそれからひたすら動き続けた。ずっと左側を下にして寝ていたダビデの口は、以前からよだれや吐瀉物《としゃぶつ》で汚くなり、拭いても拭いても落ちなかった。お尻も拭いただけでは臭いまでは取れなかった。だから、

小さくなったダビデの亡骸。

可哀想だとは思ったけれど顔とお尻を洗ってあげた。私たちは無心にダビデを洗い、ドライヤーをかけ、ブラッシングをした。汚れが落ちたら、ほっそりした凜々しい顔だった。男前だよ、ダビデ。

シッポとお腹の毛を少しずつハサミで切り、取っておいた。体重を量る。4・4kg。身長54cm、お腹まわり43cm、シッポの長さ33cm。ダビデのことを全部覚えていたかった。何もかも記憶しておきたかった。写真もたくさん撮った。

気づけば数時間が過ぎていた。冷たく硬くなったダビデを放っておけずに、箱に入れて抱え、ひたすら霊園まで歩いた。今日はいつもより気温が高く、気持ちがよかった。曇ってしまう前に、暗くなる前にダビデとともに歩きたい。急がねば。そんな思いで30分近くかかる道をひたすら歩く。途中、「なんで私たちはこんなに急いでいるんだろう。霊園に行ったら、もうダビデと会えなくなってしまうんだ」と気づき、公園に立ち寄ってダビデと3人だけで最後の時間を楽しむことにした。ベンチに座り、ダビデの体を撫でた。おでこにキスをした。「ダビデは家が好きだったよね。外は嫌いだったよね」と話しかけたりしながら。ダビデが亡くなった時間はあんなに気持ちのいい晴天だったのに、この時は少しどんよりと曇っていた。

小春日和のような陽射しに誘われるように
ダビデを抱えてひたすら歩いた。
君と晴天の下を一緒に歩きたかったんだ。

最後の時間を惜しむように
公園のベンチでダビデとともに過ごす。
グラウンドには野球をする少年たち
ベンチにはダビデの亡骸。

霊園でお別れを告げる。お線香をあげ「ありがとうダビデ」と撫でてあげる。本当にもう会えないんだ。そう思ったら、やっぱりひと晩でも大好きだった家に置いてあげればよかったと少し後悔する。なんであんなに慌てたんだろう。ダビデが骨になって戻ってくるのは2～3日後。しばしのお別れだね、ダビデ。早く家に帰って来てね、と見送った。霊園からの帰り道、ダビデがいなくなった今は、急いで家に帰る必要がないことに気づいた。長時間2人で家を空けることはしばらくなかったから弔い酒でも飲もうかと、イタリアンの店へ。ダビデの名前はイタリア旅行で見たダビデ像に由来しているから、やっぱりイタリアンだね。そんな話をしながら食事をした。私たちはけっこう元気だった。この時までは。

家に戻ると、そこはかとない悲しみが襲ってき

ダビデとお別れのとき。

て涙が止まらなかった。ダビデが家にいない。どこにもいない。胸が張り裂けて気が狂ってしまうぐらい、寂しくて悲しくて切なくてたまらなかった。何を見てもダビデを思い出す。ソファも洗面所もブラインドもテーブルもスリッパも何もかもダビデの思い出でいっぱいだ。雑多に散らかったさっきまでの部屋に、ダビデだけがいないのだ。呼んでも呼んでもいないのだ。どうすればいいかわからずダビデの写真を見ては涙する。悲しいけれど苦しいけれどダビデのことだけを考えていたい。この悲しさを乗り越えなくてはいけないんだ。それがペットを飼うということなんだ。少し落ち着いては、またダビデを思い出し、涙する。その繰り返し。少しずつ治まっていくのかな。早く時間が経ってほしい。

真冬の空気は少し冷たかった。

1月31日（水） ダビデがいなくなって

ダビデは私たち2人の暇な時を知っていたかのように死んでいった。前日でも次の日でもなく、この日を選んだんだね。2人とも暇な時を。ダビデ、最期までえらかったね。かっこよかったよ。

この4ヶ月間、ダビデはどんなに痛かったろう。どんなに辛かったろう。最後の1ヶ月は手も足も顔も麻痺して全く動かせず、寝返りさえ打てなかった。大好きなご飯も食べられなくなって、自分の望むことも思うままにできなくて、それがどんなに辛いことか。私たちにとっては穏やかな日々だったかもしれないけれど、ダビデにとっては苦しみの日々だったはず。私たちの力では痛みも和らげてあげられず、あんなに苦しんで逝ってしまうなんて。ごめんね、ダビデ。でも、私たちはダビデのお陰でひとつの命と出会い、その命を最期まで見守り、見送ることができた。命の尊さを感じることができたよ。感謝の気持ちでいっぱいだよ。もうダビデの姿はどこにもないけれど、ずっとずっと愛しているよ。ありがとう、ダビデ。

天国のダビデへ

ダビデ、君がそばにいないことにまだ慣れないよ。

家中を君の面影を探してウロウロしてばかりいる。

ふわふわのお腹にはもう触《さわ》れないんだね。たまらなく寂しいよ。


「ダビデ」と呼ぶと大きな体をゆさゆさ揺すってやってきては、力強くスリスリをする。

ゴツンと音がするようなヘビィなスリスリをするので、痛くないのかと心配になるほどだった。

お客様にもフレンドリーにスリスリ。柱の角にもスリスリ。

スリスリの好きな猫。それが君だったね。


壁じゅうを爪研ぎ場にしていたね。

どこかでケンカでもするつもりなの？っていつも思ってた。

君がもし外にいる子だったら、身体も大きいから強かったのかもしれない。

そんな姿も見てみたかったな。家では甘えん坊でおっとりしてたものね。

大きい体のくせに甘えん坊の君がとっても愛おしかった。


夫婦で楽しそうに話をしていると、どんなに熟睡してても眠そうな顔でのそのそとやってくる。

仲間に加わったつもりでチョコンとその場に鎮座する。

楽しそうな場には必ず君がいたね。

気がつけば、最後はいつも君がダンナに抱っこされて3人の井戸端会議は終わる。

嫌いな抱っこをされるのにいつもやってきたよね。楽しい雰囲気が好きな猫だったね。


どんな時も一緒にいた。私たち夫婦はいつも家にいたからね。

1時間や2時間、家を空けたぐらいじゃお出迎えはなかったよね。

玄関のドアを開けると、なぜか爪研ぎをガシガシ始める。

私たちは敵なのか？とよく思ったものだ。

でも、３時間以上留守にしてると廊下で待っててくれたよね。

覚えているかな。

君が小さい頃は、いつも玄関のドアを開けると
ゴロンとお腹を出してお出迎えしてくれてたんだよ。

お腹を撫でると満足していたよね。そして、その後ガブッと噛みつくのがお決まりだったよね。


君と初めて出会ったあの日のことを、私たちは一生忘れないだろう。

少し蒸し暑い夕暮れ時の空気を。

小さな赤ん坊のダビデを胸に、喜び勇んで小走りに帰ったあの時のことを。

あれから9年半。

君のおかげでどれほど豊かで、どれほど幸せな時間が過ごせたことだろう。

君がいなかったらもっと味気ない９年半だったはずだよ。

ありがとうダビデ。ウチの子でいてくれて本当にありがとう。

長生きさせてあげられなかったことを許してほしい。

天国にかつお節はあるのかな。私たちがたくさん届けてあげるからね。

天国でも「オヤツくれ！くれ！」と、まん丸の瞳で私たちを見上げてくれるのかな。

食いしん坊のダビデ、大好きだったよ。好きで好きでたまらなかった。

初恋の君に永遠に片思いをしているよ。

ありがとう、ゆっくりお休み。また会おうね。ダビちゃん。

2007年5月18日撮影

あとがき

この本に書いてあるのは、猫と暮らすどこにでもいるごく普通の家族の話です。1匹の猫と出会い、天寿をまっとうするまでを共に過ごしたささやかな日々の断片です。私たち夫婦は、あたり前の毎日がこんなにも大切なことだったことに、ダビデを亡くして初めて気づきました。

生き物を飼う以上避けられないであろう〝死〟を見つめる作業は、とても辛く悲しいことでした。ダビデが病に倒れ、その姿が無残に変わっていく様を目の当たりにしながら後悔の念に打ちひしがれ、命の尊さを改めて実感しました。動物を飼うということ。その責任を果たすということ。ひとつの命の重さ。たった1匹のダビデという猫が、それらたくさんのことを私たちに残していってくれたのです。私たちの暮らしを豊かで充足感に満ちたものにしてくれたダビデは、すでにこの世にはいません。もう一度彼を抱きしめたいけれど、それも叶わぬ今、私たちは彼のことをいつまでも心に刻み、彼が残してくれたものを次の命に継いでいくしかできることはありません。この本を読んで、動物を飼う素晴らしさ、命の尊さを少しでも感じていただけたら嬉しく思います。

ブログやホームページではダビデを通じてたくさんの猫好きの方々と出会うことができました。ダビデが病気になった時も、ダビデが亡くなった時も、多くの人が励ましとアドバイスをくれました。悲しみにくれている私たちのために、温かな言葉を掛けていただきました。みんながダビデのために祈り、ダビデのために泣いてくれました。もしあの時、たくさんの優しい言葉がなかったら、私たちはもっと大きな悲しみを背負うことになっていたに違いありません。皆さんがダビデの死を悲しみ泣いてくださったことは、皆さんご自身の我が子への愛情の深さゆえであることがひしひしと伝わってきて、その愛情の連鎖にこちらもまた胸が熱くなったものです。

ダビデが亡くなってしばらく経ったいま、ダビデという1匹の猫が残してくれたものの大きさをあらためて認識し、彼とそして彼を見守ってくださった方々に感謝する日々が続いています。この場を借りて心から感謝の気持ちを伝えたいと思います。そして、どうかこれからもダビデという猫がいたことを心の片隅に記憶していただけたら幸いです。

二〇〇八年八月二十五日

的場千賀子

文・写真　的場 千賀子（まとば ちかこ）

本名、辻千賀子。東京都生まれ、秋田県出身。コピーライターとして広告制作事務所やプロダクションで広告やカタログ制作に従事。'96年からフリーランスとして活動中。

●ダビデHP『蔵Davi』
http://davide.web.fc2.com
●猫ブログ『ご褒美はかつお節で』
http://davide.petit.cc

写真・デザイン　辻 聡（つじ さとし）

石川県金沢市生まれ。金沢美術工芸大学卒。デザイナーとして数社の広告制作会社を経て、フリーランスに。装丁、イラストレーション、ロゴタイプ制作など幅広い分野で活動中。

余命4ヶ月のダビデ

2008年11月1日　第1刷発行

著　者
的場 千賀子・辻 聡

プロデューサー
T-Brain Inc. 田中 規之

協　力
東京書籍印刷(株) 飯田 大成

発行者
宮下 玄覇

発行所
ミヤオビパブリッシング
〒150-0001 東京都渋谷区神宮前 3-18-16
TEL/FAX 03-3393-5070
URL http://miyaobi.com/m/

発売元
株式会社 宮帯出版社
〒602-0062 京都市上京区堀川通寺之内東入
TEL 075-441-7747/FAX 075-431-8877
URL http://www.miyaobi.com
振替口座　00960-7-279886

印刷・製本
東京書籍印刷 株式会社

ISBN978-4-86350-006-8

発行所 ミヤオビパブリッシング 発売元 宮帯出版社 TEL.075-441-7747/FAX.075-431-8877
京都市上京区堀川通寺之内東入 www.miyaobi.com

心を癒《いや》す一冊です。

しあわせになる恋の法則

原宿の星読み師★taka 中島 多加仁 著

あなたは今、ほんとうに求めた異性と出会っていますか? そして、自分らしい恋愛をしていますか?

装丁 松岡史恵

紫微斗数(しびとすう)という東洋占星術を駆使して、これまで数百人の恋愛相談に応えてきた「星読み師」の視点から、女性が恋愛で真のしあわせになるにはどうすればよいかを説いた恋愛の指南書。

■B六判 ■並製216頁
■定価 1000円(税込)

ミラクルが起きるステキな本

インスピレーション書道家 堀向 勇希 著

~読むだけで大開運~ハッピー&ラッキーのエッセンスが楽しく感じられる幸せレシピ♪満載!

堀向勇希

明日からの生活は心ワクワク♪すべてがバラ色に輝いて見えるようになる一冊です。

■B6判
■並製 オールカラー96頁
■定価 1,000円(税込)

がんばろう!

61篇の珠玉の詩と67人の笑顔が、読者に「生きる力」を与えてくれる応援詩集!

学生・ビジネスマン・OLをはじめ、がんばっている人、働いている人へのメッセージブック!

■B6判
■並製 オールカラー128頁
■定価 1,000円(税込)

ビジネス書人気作家 浜口 直太 著

願いを叶える「言葉」365日

毎日読める愛の「言葉」詩集。読む人に、希望と勇気と感動を与える、座右の書として最適です。

記念日等が書き込め、日々の生活に便利です。大切な方へのプレゼントに最適!

■B6判
■並製216頁
■定価 1,050円(税込)